Sitzungsberichte
der Heidelberger Akademie der Wissenschaften
Mathematisch-naturwissenschaftliche Klasse
Jahrgang 1928. 2. Abhandlung.

Untersuchungen zur Bestimmung des Geschlechts

I. Mitteilung

Ein neuer Weg zur Lösung des Geschlechtsbestimmungsproblems bei Bonellia viridis

Von

Curt Herbst

in Heidelberg

Vorgelegt in der Sitzung vom 4. Februar 1928

Berlin und Leipzig 1928
Walter de Gruyter & Co.
vormals G. J. Göschen'sche Verlagshandlung / J. Guttentag, Verlagsbuchhandlung / Georg Reimer / Karl J. Trübner / Veit & Comp.

Untersuchungen zur Bestimmung des Geschlechts

I. Mitteilung.

Ein neuer Weg zur Lösung des Geschlechtsbestimmungsproblems bei Bonellia viridis.

I. Die Frage.

Die Besprechung der berühmten BALTZERschen Arbeiten (1—5) über die Geschlechtsbestimmung bei Bonellia in meinem zoologischen Seminar brachte mich auf die Vermutung, daß vielleicht der pH-Wert des umgebenden Mediums von ausschlaggebender Bedeutung für die Determinierung der indifferenten Larven zu Männchen oder Weibchen sein könne. Was mich zur Aufstellung dieser Erklärungsmöglichkeit führte, waren folgende von BALTZER zutage geförderten Tatsachen: Männchen entstehen bei Bonellia bekanntlich im allgemeinen nur, wenn sich die indifferenten Larven auf dem Rüssel eines Weibchens niederlassen können; aber es treten auch in Glaskulturen ohne Weibchen nach Verlauf von ein paar Wochen einige Männchen, sog. Spätmännchen, auf. Was liegt da näher, als das Erscheinen dieser Spätmännchen auf eine Veränderung des pH-Wertes des Seewassers infolge des langen Stehens zurückzuführen? Dabei wären wieder zwei Möglichkeiten denkbar: Es hätte das Wasser durch Übertritt von Basen aus der Glaswand in die Flüssigkeit alkalischer oder auch infolge der Atmung der Tiere kohlensäurereicher und somit saurer werden können. Am meisten neigte ich der letzteren Möglichkeit zu.

In meiner Vermutung, daß der pH-Wert bei der Bestimmung des Geschlechtes bei Bonellia eine Rolle spielen könne, wurde ich bestärkt durch das große Schwanken in der Wirkung der Darm- und Rüsselextrakte und des vorübergehenden Aufenthaltes auf dem lebenden Rüssel auf die einzelnen Individuen derselben Kultur. Das erinnerte mich in ganz frappanter Weise an die individuell so verschiedene Reaktion der Seeigeleier auf dieselbe OH-Ionenkonzentration, die mich (8 und 9) immer so in Erstaunen gesetzt hatte.

II. Die Methode.

Zur Veränderung des pH-Wertes des Seewassers kann man nicht jede Säure benutzen, wie Vorversuche mit Essigsäure zeigten, da die Bonellia-Larven in einem Gemisch von 20 ccm Seewasser + $^3/_5$ ccm $^1/_{10}$ nCH_3COOH bald absterben. So waren z. B. Larven, welche am 29, 8., 5. 15 in die Mischung hineingebracht worden waren, um 5.40 bereits bewegungslos und am 30. 8., 9 a. m. in Zerfall begriffen. Der pH-Wert eines solchen Gemisches beträgt aber nur 6,3 und liegt weit über der Todesgrenze; die noch erträgliche Grenze der H-Ionenkonzentration liegt nämlich bei c. 5,9.

Im Gegensatz zu Essigsäure erwies sich dagegen Kohlensäure als brauchbar, obwohl sie eine merkwürdige Nebenwirkung hat. Sie bewirkt eine Quellung des Mesenchyms der Larven, zuerst im Kopf-, dann aber auch im Rumpfabschnitt. Sie wurde in einem Kippschen Apparat erzeugt, mit $NaHCO_3$ gewaschen und eine halbe Stunde lang in raschem Strome durch eine Flasche mit ein paar hundert ccm Seewasser durchgeleitet. Vorversuche belehrten mich, daß man von diesem kohlensäurehaltigen Seewasser 10 ccm zu 15 ccm normalen Seewassers setzen muß, um einen für die Larven erträglichen pH-Wert zu bekommen. Letzterer betrug zu Anfang 6,0; 6,1; 6,3. Obwohl nun die CO_2-Kulturen in kleinen niedrigen Glasdosen mit eingeschliffnem Glasstöpsel gehalten wurden, um den CO_2-Verlust möglichst zu hemmen, war der pH-Wert am anderen Tage auf 6,6; 6,7; 6,8; ja sogar einmal auf 7,2 gestiegen. Deshalb mußten die Larven jeden Tag aus der alten Versuchsmischung herausgefangen und in neu zubereitete gebracht werden.

Besser als Kohlensäure bewährte sich Salzsäure, da hier die aufblähende Wirkung auf das Mesenchym fortfällt. Ich benutzte eine $^1/_{10}$-n-Lösung, von der, wie Vorversuche ergaben, $^1/_2$ ccm zu 20 ccm Seewasser gefügt werden mußte, um die Larven am Leben und reaktionsfähig zu erhalten. Der pH-Wert eines solchen Gemisches betrug zu Anfang wie in den CO_2-Zuchten in der Regel 6,1; manchmal auch nur 5,9, während als höchster Wert einmal 6,2 gemessen wurde.

Auch in dem HCl-Seewasser blieb der pH-Wert nicht konstant. Es wurden am anderen Tage nach Versuchsbeginn gemessen: 6,6; 6,7; 7,0; 7,1; ja sogar 7,2, und zwar 7,1 einmal und 7,2 zweimal. Ich erneuerte infolgedessen vom 28. 9. bis 8. 10. die Mischung zweimal täglich, erhielt aber auch nach nur 12 Stunden dieselben Werte wie oben, sogar 7,2! Man müßte infolgedessen, um vielleicht noch bessere Resultate erzielen zu können, in Zukunft noch öfter, vielleicht viermal am Tage, die Flüssigkeit wechseln.

Trotz dieses Nichtkonstantbleibens des pH-Wertes können wir aber mit gutem Recht sagen: Die Versuchslarven befanden sich im allgemeinen in sauerem, die Kontrollarven dagegen immer in alkalischem Seewasser, dessen pH-Wert für Meerwasser merkwürdig niedrig war. Ich maß nämlich mit m-Nitrophenol 7,64; 7,84 und nur einmal 8,04. Das Wasser, welches nicht aus dem Aquarium, sondern von draußen stammte, wurde in den Kontrollzuchten ebenfalls täglich gewechselt, um in dieser Hinsicht die Kontrollen mit den Versuchen gleichzustellen und außerdem eine Anreicherung des Wassers mit ausgeatmeter Kohlensäure zu vermeiden. Ich konstatierte auch nie eine Abnahme des pH-Wertes nach 24 Stunden, dagegen einmal eine Zunahme bis auf 8,04, während im neu aufgefüllten Wasser die Werte 7,64 und meist 7,84 gefunden wurden.

Die pH-Werte wurden auf kolorimetrischem Wege mittels des Bresslauschen Apparates gemessen. Derselbe erwies sich in den Grenzen von 6,1 bis 7,6 am brauchbarsten, während bei Bestimmung höherer pH-Werte die Unsicherheit ziemlich groß war, da die geringfügigen Unterschiede der m-Nitrophenolröhrchen sehr schwer wahrzunehmen waren. Die Temperatur betrug im September im Arbeitsraum meist konstant 22 °, nur selten ein paar Grad mehr, so daß der Temperaturfehler vernachlässigt werden kann, zumal ich im Oktober bei 18 ° ganz dieselben Werte wie vorher fand. Der Salzfehler kommt bei der Messung mit p-Nitrophenol auch nicht in Betracht; doch wurden bei der Messung mit m-Nitrophenol von dem abgelesenen Wert nach den Angaben von Bresslau[1]) 0,16 abgezogen. Der Säurefehler kommt bei dem Apparat nicht in Frage.

Es wird bei weiteren Versuchen mein Bestreben sein, die pH-Werte noch genauer festzustellen und zu versuchen, sie für längere Zeit konstant zu halten, um den möglichen Anteil des Schwankens des pH-Wertes an den Versuchsresultaten festzustellen.

III. Die Versuche.

Das Versuchsmaterial

zu den drei im folgenden zu schildernden Zuchten stammt aus einem Laichballen, der am 31. 8. 1927 gefunden worden war. Die Eier befanden sich beim Fund erst auf dem Gastrulastadium, so daß ein paar Tage gewartet werden mußte, bis die Larven frei schwammen und zu den Versuchen benutzt werden konnten. Leider waren in dem Eiballen

[1]) Ein einfacher... Apparat zur Messung der Wasserstoffionenkonzentration. Archiv f. Hydrobiologie, Bd. 15. 1925.

größere Portionen von Eiern unbefruchtet geblieben. Diese unbefruchteten Eier starben dann ab und schädigten z. T. die befruchteten und die Larven, welche aus letzteren hervorgingen. Trotzdem blieben immerhin noch so viele Larven übrig, daß das Material zu einer Reihe von Versuchen sowohl für Herrn Kollegen BALTZER wie für mich ausreichte.

1. Der erste Versuch mit Kohlensäure.

Er wurde am 5. 9., 5 p. m. zunächst nur mit 10 Larven begonnen. Da es sich aber am 6. herausstellte, daß die Larven, welche gleich nach dem Hineinbringen in das CO_2haltige Wasser alle zu Boden sanken, die Konzentration 15 ccm Seewasser + 10 ccm CO_2-Seewasser aushielten, so kamen am 6. noch 20 und am 8. weitere 50 Stück hinein. Die Gesamtsumme betrug also 80.

Im Gegensatz zu der Kontrolle und dem Versuch mit HCl-Zusatz bewegten sich im CO_2-Seewasser fast alle Larven langsam am Boden; nur selten schwamm eine frei. Am 9. 9. zeigte sich bei einem Teil von ihnen die bereits oben erwähnte merkwürdige Aufblähung, die mich anfangs glauben ließ, daß sie den Beginn der Umwandlung in Weibchen bedeute, was sich aber bald als unrichtig herausstellte. In der Tat hat nämlich diese Aufblähung gar nichts mit derjenigen der echten Weibchen zu tun, die von der prall mit Flüssigkeit gefüllten Leibeshöhle herrührt. Am 11. 9. konnten an manchen der aufgeblähten Larven kreisende Bewegungen, wie sie Männchen häufig ausführen, beobachtet werden; und am 13. war die erste wirkliche Vermännlichung zu sehen. Am 14. kam dazu eine zweite, außerdem aber auch ein kleines dürftiges Weibchen, das am 16. isoliert und in normalem Seewasser weitergezogen wurde. Die Zahl der Vermännlichungen, von denen allerdings manche einen Enddarm aufwiesen, stieg in den folgenden Tagen immer mehr an, so daß sich am 20. 9., 4.15 p. m. unter 45 noch lebenden Larven 27 Vermännlichungen in der Versuchskultur vorfanden. Dazu kam als 46. Larve das kleine, am 16. isolierte ♀. Es waren also mehr als die Hälfte der Larven vermännlicht worden. Der Rest von 18 Stück bestand aus aufgeblähten, indifferenten Larven mit dunklem Kopf, während sich die Vermännlichungen alle durch den hellen Kopf auszeichneten, den wir überhaupt als Kriterium der Vermännlichung betrachtet haben.

Die vermännlichten Tiere haben, wie auch die ausgebildeten Uterusmännchen außerhalb des Muttertieres, wenigstens in der Sommerhitze in Neapel, eine begrenzte Lebensdauer, so daß in den nächsten Tagen eine ganze Anzahl eingingen, und zwar etwa viermal soviele als indifferente Larven mit dunklem Kopf. Infolgedessen konnten in der

Zucht trotz Verringerung der Zahl der Vermännlichungen doch noch weitere aus indifferenten Larven entstanden sein, da ich keine Isolierung der vermännlichten Larven vorgenommen hatte und ältere Vermännlichungen bereits abgestorben und zerfallen waren. Daraus ergibt sich der Schluß, daß die von mir angegebene Zahl der Vermännlichungen das Mindestmaß derselben repräsentiert.

Am 23. 9., 11.15 a. m. waren nur noch 31 Tiere am Leben, unter denen sich 13 stark vermännlichte, 6 schwach vermännlichte, von denen 5 Stück noch aufgebläht waren, und 12 Larven mit dunklem Kopf vorfanden. Diese drei Kategorien wurden isoliert weitergezüchtet, und zwar die Vermännlichungen bis zu ihrer intimeren Untersuchung und Konservierung in normalem, die beiden anderen dagegen in CO_2haltigem Seewasser.

Am 24. 9., 10.45 zeigte von den 12 Larven mit dunklem Kopf eine die beginnende Aufhellung des Kopfes, eine Larve war klein und zusammengeschrumpft, und zwei dünne, nicht aufgeblähte Tiere pulsierten schwach und wurden als Weibchen isoliert und in gewöhnliches Seewasser gebracht. Von den sechs schwach vermännlichten Tieren war bei der Übertragung von einem Gefäß in das andere eines verlorengegangen; von den noch vorhandenen fünf war ein Tier nicht mehr aufgebläht und sah kränklich aus. Die isolierten vermännlichten Tiere, welche ihr in Seewasser erreichbares Endstadium erreicht hatten, interessieren uns hier nicht weiter. Wir werden auf sie bei der Zusammenfassung der beiden Kohlensäureversuche noch einmal zurückkommen.

Am 25. 9., 4.30 p. m. hatte von den 10 Tieren mit dunklem Kopf eines ein aufgehelltes Vorderende bekommen, war also vermännlicht worden, vier waren wie früher und fünf waren zerfallen oder im Zerfall. Da Gefahr bestand, daß die vier überlebenden Larven mit dunklem Kopf am nächsten Tage bei Verbleib in dem CO_2haltigen Seewasser hätten abgestorben sein können, so wurden sie in gewöhnliches Meerwasser übertragen, um zu sehen, ob sie sich darin noch nachträglich zu typischen Weibchen entwickeln können. Von den fünf schwach vermännlichten Tieren, welche in CO_2haltigem Wasser weitergezüchtet worden waren, lebte nur noch eines, das sehr schön vermännlicht und auch nicht mehr aufgebläht, sondern platt geworden war. Es wurde zur intimeren Untersuchung und Konservierung in gewöhnliches Seewasser gebracht.

Wir haben infolgedessen jetzt nur noch das Schicksal der vier Larven mit dunklem Kopf zu verfolgen: Kein einziges brachte es zu einem typischen Weibchen mit normalem dreigliederigem Darmtraktus.

Am 29. 9., 11 a. m. wurde der Versuch abgebrochen, dessen Hauptresultat eigentlich schon am 20. erreicht war, da die weiteren Veränderungen kaum ins Gewicht fallen.

Das Endresultat lautet demnach:

Von den 46 Tieren, die am 20. 9. noch lebten, wurden 3 zu ♀ und mindestens 28 vermännlicht. Die übrigen starben als aufgeblähte Larven mit dunklem Kopf, ohne zu echten Weibchen oder deutlichen Intersexes geworden zu sein.

Da die Ausgangsanzahl der indifferenten Larven 80 betrug, so war die Sterblichkeit in diesem ersten Kohlensäureversuch recht groß. Woran das lag, kann ich nicht angeben, da der zweite Kohlensäureversuch in dieser Hinsicht ein ganz anderes Bild zeigt, obgleich er in ganz derselben Weise durchgeführt wurde.

2. Der zweite Versuch mit Kohlensäure.

Er wurde am 8. 9., 4.20 p. m. mit 50 Larven begonnen. Die merkwürdige Aufblähung trat auch hier bei den Larven in den ersten Tagen nach Versuchsbeginn auf; und die Bewegung war ebenso wie in dem ersten Versuch herabgesetzt.

Am 12. 9., 11 a. m. schien sich eine Larve zum Weibchen entwickeln zu wollen. Die anderen aufgeblähten Tiere machten kreisende Bewegungen wie Larven, die sich späterhin zu Männchen entwickeln.

Am 13. 9., 11 a. m. trat die erste Vermännlichung auf, neben der allerdings auch zwei kleine pumpende Weibchen gefunden wurden. Die Zahl der letzteren nahm zunächst nicht zu. Dagegen stieg die der vermännlichten Larven bis zum 20. 9., 4.30 p. m. auf 29. 16 Larven waren an diesem Tage noch indifferent und besaßen noch einen dunklen Kopf. Rechnet man dazu nun noch die zwei am 13. isolierten kleinen Weibchen, so ergibt sich eine Gesamtsumme von 47 lebenden Tieren, also nur ein Verlust von drei Stück.

Auch hier war das Hauptresultat genau wie im ersten Versuche bereits am 20. erreicht. Es wurde bis zum Abbruch des Versuches nur noch geringfügig verändert:

Am 24. 9., 11.45 a. m. wurden nämlich noch zwei kleine schwach pulsierende Weibchen isoliert und am 25. 9., 5.30 p. m. ein vermännlichtes Tier, welches wie die meisten vermännlichten Tiere der CO_2-Kulturen noch aufgebläht war, aber ein aufgehelltes Kopfende bekommen hatte.

Von den Larven mit dunklem Kopf lebten nur noch fünf Stück, welche wie die letzten überlebenden Larven im ersten Versuch in normales Seewasser gebracht wurden, um zu sehen, ob sie sich darin noch zu typischen Weibchen entwickeln würden. Ich konnte jedoch bei Abbruch des Versuches am 29. 9., 11.15 a. m. höchstens eins als Weibchen bezeichnen, obwohl auch bei diesem der Vorderdarm nicht normal ausgebildet war, während ein anderes sich zu vermännlichen begonnen hatte.

Das Endresultat lautet demnach:

Von den am 20. 9. von 50 noch lebenden 47 Tieren wurden 31 vermännlicht, 5 wurden zu Weibchen und 11 Stück blieben Larven mit dunklem Kopf, ohne zu typisch ausgebildeten Weibchen zu werden, wenn auch einige einen Enddarm und Analblasen aufweisen konnten. Hier ist also ebenfalls mehr als die Hälfte der Larven vermännlicht worden.

3. Zusammenfassung der Resultate der beiden Kohlensäureversuche.

Von den am 20. 9. von anfänglich 130 Stück noch lebenden 93 Tieren wurden 8 zu Weibchen, 59 wurden vermännlicht und 26 blieben bis zu Ende Larven mit dunklem Kopf, ohne vollständig zu Weibchen oder zu deutlichen Intersexes zu werden.

Hierzu ist aber zu bemerken, daß die Anzahl der Weibchen eigentlich zu hoch angegeben ist, denn einmal wurde dazu eines gerechnet, das erst nach dem Zurückbringen aus dem kohlensäurehaltigen Seewasser in normales weiblichen Charakter angenommen hatte und außerdem, wie eine genauere Untersuchung ergab, nicht einmal einen Vorderdarm besaß, der dann auch noch an dem gefärbten Präparat von einem anderen Individuum, das mit zu den Weibchen gerechnet wurde, vermißt wurde. Zwei der sog. Weibchen müßten demnach eigentlich noch zu der dritten Rubrik, d. h. zu den Tieren gezählt werden, welche weder echte Weibchen noch Intersexes wurden.

Weiter sei zu der Zusammenfassung gesagt, daß unter die Vermännlichungen auch die Intersexes mit eingerechnet worden sind. Ihre Zahl machte ungefähr $1/5$ bis $1/4$ derselben aus. Samenschläuche waren in verschieden weit vorgeschrittenem Ausbildungsgrad bis auf einen zweifelhaften Fall bei allen daraufhin untersuchten Tieren (18 Stück) vorhanden und er konnte auch einen Trichter bei solchen Intersexes aufweisen, welche einen weiblichen Enddarm besaßen. Den Ausbildungsgrad des Samenschlauches eines geschlechtsreifen Uterusmännchens erreichte derselbe aber bei den CO_2-Vermännlichungen nie. Nur sehr selten konnte Spermatogenese in den vermännlichten Tieren wahrgenommen werden, nämlich unter 18 daraufhin untersuchten Stück nur in 3 Fällen mit Sicherheit und in einem mit einiger Skepsis. Spermien im Samenschlauch sah ich nur in einem Falle.

4. Der Versuch mit Salzsäure.

Er wurde am 6. 9., 5 p. m. mit 40 Larven begonnen, welche in 20 ccm Seewasser + ½ ccm $^1/_{10}$ nHCl kamen. Sie sanken in dem Gemisch im Gegensatz zu dem kohlensäurehaltigen Seewasser nicht zu Boden, sondern schwammen frei darin herum und zeigten in bezug auf Munterkeit keinen Unterschied von der Kontrolle in gewöhnlichem Seewasser.

Am 12. 9., 11.25 a. m. wurde in der Versuchskultur die erste Vermännlichung wahrgenommen, außerdem aber auch ein ♀, das isoliert in gewöhnlichem Seewasser weitergezüchtet wurde. Am 15. 9., 10 a. m. betrug die Anzahl der vermännlichten Tiere 8, am 17. 9., 10 a. m. 13 und am 20. 9., 9 a. m. 18, von denen aber 5 Stück sehr weiblichen Einschlag aufwiesen. An indifferenten Larven waren an diesem Tage noch 21 vorhanden, so daß unter Zuzählung des einen am 12. isolierten Weibchens noch alle 40 Larven vorhanden waren. Im Gegensatz zu den CO_2-Kulturen ging mir in dem HCl-Wasser keine einzige Larve auf indifferentem Stadium zugrunde, sondern höchstens, nachdem sie sich in deutlicher Weise in männlicher, weiblicher oder intersexueller Richtung entwickelt hatte. Es dauerte bis zum 15. 10., bis sich alle Larven für die eine oder andere Richtung entschieden hatten. In der Zeit vom 28. 9. bis 8. 10. inkl. wurde — wie bereits vorn S. 4 erwähnt — die Versuchsflüssigkeit zweimal am Tage gewechselt, wodurch aber weder das Auftreten der Vermännlichungen beschleunigt, noch die Zahl der Intersexes verringert wurde. Man könnte fast den Eindruck gewinnen, als ob die letzte Hälfte der indifferenten Larven schwieriger zu vermännlichen sei als die erste.

Das Gesamtresultat des Versuches war:

Von den 40 Larven, mit denen begonnen wurde, waren 24 zu Männchen, 12 zu Intersexes und 4 zu Weibchen geworden.

Hierzu sei zunächst betreffs der Weibchen bemerkt, daß zwei derselben abstarben, bevor sie genau untersucht werden konnten, daß aber die beiden anderen keineswegs völlig normalen Kontrollweibchen glichen, denn das eine von ihnen hatte zwar einen pigmentierten Kopf, aber eine eingefallene Bauchseite, und das andere zwar typisch weibliche innere Organisation, aber doch nicht ganz normal pigmentierten Rüssel.

Was weiter die Intersexes betrifft, so mußten die Tiere alle eine Depigmentation des Vorderendes erfahren haben, um dazu gerechnet werden zu können. Ein Tier wurde auch zu den Intersexes gerechnet, das nur auf der einen Körperseite eine völlige Depigmentation des Vorderendes erfahren hatte, während die andere damit im Rückstand war. Im Innern konnten neben dem Enddarm Analblasen vorhanden sein oder fehlen. Der Enddarm selbst konnte auch fehlen oder nur durch einen Strang vertreten sein, der den Darm am Hinterende des Tieres befestigte. Borsten konnten ebenfalls fehlen oder vorhanden sein. In einem Falle fand ich nur auf einer Seite eine kleine Borste vor, in einem anderen auf der einen Seite eine und auf der anderen zwei. Ein Samenschlauch mit Trichter war bei zwei Intersexes vorhanden, die sowohl Enddarm wie Analblasen aufwiesen und von denen das eine auch Borsten besaß. Spermatogenese konnte dagegen in keinem einzigen der intersexuellen Tiere festgestellt werden.

Die 24 Männchen endlich waren auch hier wie in den Kohlensäureversuchen nie vollständig ausgebildete Tiere mit sehr langem, mit Spermien gefüllten Samenschlauch wie die Uterusmännchen. Auch Spermatogenese konnte bei ihnen nur in fünf Fällen festgestellt werden. Aber ein Samenschlauch war mit Ausnahme von einigen Fällen, wo die inneren Organisationsverhältnisse schwer zu ermitteln waren, immer nachzuweisen.

5. Zusammenfassung der Versuche mit Kohlensäure und Salzsäure.

Das im Prinzip identische Resultat des Versuches mit Salzsäure und der beiden Kohlensäureversuche berechtigt uns dazu, die Resultate aller drei zusammenzufassen:

Von 170 Larven wurden

95 mehr oder weniger stark vermännlicht, wobei die Intersexes mit zu den Vermännlichungen gezählt wurden,

12 zu Weibchen,

26 blieben bis zum Versuchsende aufgeblähte Larven mit dunklem Kopf, ohne zu echten Weibchen oder Intersexes zu werden, und

37 starben als indifferente Larven.

Die beiden letzten Rubriken beziehen sich nur auf die Kohlensäureversuche, welche sich von der Salzsäurekultur nicht nur durch die merkwürdige Aufblähung der Larven und die Herabsetzung der Beweglichkeit derselben, sondern auch dadurch unterschieden, daß die Larven in dem kohlensäurehaltigen Wasser im Durchschnitt mehr grünes Pigment aufwiesen als in dem Wasser mit HCl.

6. Die Kontrollkulturen.

A. Meine eigene Kontrolle.

Von dem mir zu Gebote stehenden Larvenmaterial blieben nach Ansetzen der drei Versuchskulturen noch 66 Larven übrig, die so in zwei Schalen verteilt wurden, daß in die eine 40, in die andere 26 Larven kamen. Da ich zu den Versuchen die besten Larven genommen hatte, um möglichst normales Material dazu zu haben, so bestand der Rest z. T. aus kleinen und abnormen Formen, die vereinzelt Auftreibungen in der „Nackengegend" aufwiesen oder auch durch Mangel an grünem Pigment und z. T. auch von Öl auffielen, kurz einen kümmerlichen Eindruck machten. Ich hielt gerade aus diesem Grunde die Larven für geeignet, als Kontrolle zu meinen Säureversuchen zu dienen, da ja nach Baltzer die Möglichkeit besteht, daß die Spätmännchen, welche in Glaskulturen ohne Weibchen entstehen, Hungerkümmerformen sind. Wenn dann in der so begünstigten Kontrolle doch viel weniger Männchen entstehen würden als in meinen Säurekulturen, so wäre dies für die Wichtigkeit des pH-Wertes für die Bestimmung des Geschlechts um so beweisender. Um den möglichen Einfluß der ausgeatmeten Kohlensäure auf die Larven auszuschließen, wurde das Wasser, wie bereits im Paragraphen über die Methode angegeben wurde, täglich gewechselt.

Meine Erwartung, daß die Kontrolle vielleicht viele Spätmännchen geben würde, erwies sich als falsch; es ergab sich aber, daß die Larven sich insofern abnorm benahmen, als sie größtenteils außerordentlich lange zur Verwandlung brauchten oder dieselbe überhaupt nicht erreichten, sondern vorher abstarben. Ich sah häufig Larven ohne Wimperkränze, die ihrem Aussehen nach für gewöhnlich sich am folgenden Tage in Weibchen verwandelt haben würden, ein paar Tage in diesem Zustand verharren und dann absterben. Irgendwelches Anzeichen von beginnender Vermännlichung war nicht an ihnen wahrzunehmen, wenn sie auch am Boden hafteten oder etwas eingerollt waren. Sie besaßen Augen, ihr Kopf war pigmentiert und ihre Oberseite und Unterseite wiesen gleichviel Farbstoff auf, alles weibliche Merkmale.

Immerhin kam es zur Bildung von ein paar Vermännlichungen, die nicht nur ein männliches Äußere, sondern auch einen Samenschlauch aufwiesen, wenn sie auch keine Entwicklungsstadien von Spermien in ihrer engen Leibeshöhle erkennen ließen. Nachdem nämlich schon ein paar Tage vorher Anzeichen von Vermännlichung zu konstatieren waren, konnte am 29. 9 vorm. — 16 bis 17 Tage später als in den drei Säureversuchen! — eine sichere Vermännlichung mit Samenschlauch und eine ganz zweifelhafte aufgefunden worden. Letztere war korkzieherartig gewunden, besaß aber noch einen pigmentierten Kopf und keinen Unterschied von Rücken- und Bauchseite und im Innern keine klare Organisation. Am 15. 10., bei Abbruch der Versuche, wurde noch eine zweite unzweifelhafte Vermännlichung mit Samenschlauch aufgefunden. Die ersten Weibchen erschienen am 8. 9., während die letzten vier am 15. 10. gefunden wurden.

Als Gesamtresultat ergibt sich:

Von den 66 Larven wurden
22 zu Weibchen,
2 zu Spätmännchen,
1 zu einem sehr zweifelhaften ♂ und
10 blieben bis zuletzt indifferent, während
31 schon vorher als indifferente Larven gestorben waren.

In den spät entstandenen Weibchen habe ich niemals Stadien von Spermatogenese wahrnehmen können. Da in der Kontrolle so viele indifferente Larven vorkamen, die sich nicht verwandelten, so müssen wir zum Vergleich mit unseren Säureversuchen noch die BALTZERschen Angaben über das Schicksal indifferenter Larven in weibchenfreien Glaskulturen heranziehen.

B. Die Resultate der BALTZERschen weibchenfreien Kulturen.

a) Das Resultat der sieben Kulturen BALTZERS vom 3. 7. 1913:

661 Larven zu Anfang der Versuchsreihe ergaben:

417 Weibchen,
11 Intersexes,
24 Männchen; der Rest starb ab.

b) Das auffallendste Resultat BALTZERS vom Sommer 1925 aber ist am besten geeignet, als Kontrolle zu meinen Säureversuchen zu dienen, da durch einen solchen Vergleich die Resultate der letzteren nur um so fester begründet erscheinen werden. Die Anfangszahl der Larven ist hier nicht bekannt. Es fanden sich am Ende in der Kultur vor:

236 Weibchen,
2 indifferente Weibchen,
2 Intersexe,
7 indifferente Männchen,
48 Männchen und

2 indifferente Tiere.

Das allerauffallendste ist aber, daß von den 48 Männchen 13 einen großen mit Sperma gefüllten Samenschlauch besaßen.

7. Verleich der Resultate der Versuchskulturen mit denen der Kontrollen und Schluß daraus.

A. Vergleich mit meiner Kontrolle.

Ich will, um zuungunsten der Säureversuche zu rechnen, den einen sehr zweifelhaften Fall von Vermännlichung in der Kontrolle mit zu den sicheren rechnen. Dann sind in der Kontrolle $^1/_3$ der Anfangszahl der Larven verweiblicht und $^1/_{22}$ vermännlicht worden. In meinen drei Versuchskulturen sind aber von der Anfangszahl nur $^1/_{14}$ verweiblicht und $^5/_9$ vermännlicht worden, wobei Intersexes und Männchen in eine Rubrik zusammengezogen wurden. Der Unterschied zwischen Kontrolle und Versuch ist gewaltig, wobei noch zu beachten ist, daß die Vermännlichungen in den Säurekulturen 16—17 Tage früher als in der Kontrollzucht aufzutreten begannen.

B. Vergleich mit den BALTZERschen weibchenfreien Zuchten.

a) Vergleich mit den sieben Zuchten vom 3. 7. 1913. Ziehen wir zum Vergleich die Männchen und die Intersexes zusammen in eine Rubrik der Vermännlichung verschiedenen Grades, so waren von der Anfangszahl fast $^2/_3$ verweiblicht und nur $^1/_{19}$ vermännlicht. Auch ein gewaltiger Unterschied zu den bei mir gefundenen Zahlen: $^1/_{14}$ verweiblicht und $^5/_9$ vermännlicht! Und selbst der

b) Vergleich mit BALTZERs abweichendstem Resultat gibt einen überzeugenden Beweis für die Wirkung des erniedrigten pH-Wertes. Wir wollen auch hier die drei Kategorien: Intersexes, indifferenteMännchen und Männchen, in einer Rubrik zusammenfassen und die indifferenten Weibchen zu den Weibchen zählen. Dann sind bei BALTZER von 297 überlebenden Tieren $^4/_5$ verweiblicht und etwa $^1/_5$ vermännlicht worden, während in den sauren Mischungen $^1/_{11}$ verweiblicht und mehr als $^2/_3$ vermännlicht wurden. Ich habe hier andere Zahlenverhältnisse wie in den beiden ersten Fällen angegeben, weil man hier von den Versuchen nur die Zahl der überlebenden Larven rechnen darf, da auch die BALTZERschen Angaben sich nur auf letztere beziehen.

Es steht somit das Resultat ganz außer Zweifel:

Ein saures Medium wirkt vermännlichend auf die indifferenten Larven von Bonellia viridis ein.

8. Schlüsse aus den gewonnenen Versuchsresultaten.

Aus dem eben mitgeteilten Versuchsresultat läßt sich nun ein wichtiger Schluß ziehen, wie folgende Überlegungen zeigen: Es ist die Möglichkeit gegeben, die BALTZERschen Befunde betreffs der vermännlichenden Wirkung des lebenden weiblichen Rüssels und der Extrakte ausgetrockneter Rüssel- und Darmsubstanz durch die Annahme zu erklären, daß von dem Rüssel- und Darmepithel eine spezifische männchenbestimmende Substanz abgeschieden wird, die allein indifferente Larven zu Männchen umwandeln kann. In diesem Sinne gibt es keinen männchenbestimmenden Stoff bei Bonellia, da wir gefunden haben, daß er durch H-Ionen ersetzt werden kann.

Was nun meine in der Einleitung vorgetragene Vermutung anbetrifft, daß eine Anhäufung von CO_2 im Medium vermännlichend wirken könne, so ist dieselbe insofern richtig, als man auf diese Weise tatsächlich Vermännlichungen erhalten kann; trotzdem aber ist mit dieser experimentellen Feststellung nicht bewiesen, daß nun auch in den weibchenlosen Glaskulturen die Spätmännchen dieselbe Entstehungsursache haben, denn in meiner Kontrolle, deren Wasser täglich gewechselt wurde, und in welcher der pH-Wert immer 7,64—8,04 betrug, traten dennoch ein paar Vermännlichungen auf. Es können solche also auch aus anderen Gründen als infolge des unter 7,0 erniedrigten pH-Wertes erscheinen.

9. Vergleich meiner Resultate mit den BALTZERschen Extraktversuchen.

Da über diese Versuche bis jetzt nur eine vorläufige Mitteilung mit wenigen Zahlenangaben vorliegt, ich aber weiß, daß BALTZER im Sommer 1927 reicheres Zahlenmaterial in dieser Hinsicht gesammelt hat, so kann das Folgende nur von vorläufiger Bedeutung sein.

Aus den bis jetzt vorliegenden Angaben BALTZER's (5) geht hervor, daß Rüsselextrakt ungefähr ebenso wie die Erniedrigung des pH-Wertes wirkte, während die vermännlichende Wirkung des Darmextraktes selbst im Vergleich mit dem HCl-Versuch größer war, denn im letzteren wurden 90 %, im ersteren dagegen 100 % vermännlicht.

Über den Grad der Vermännlichung berichtet BALTZER, daß er nie zu reifen Männchen führte, daß er vielmehr nur jenes Stadium erreichte, welches am lebenden Rüssel nach drei Tagen auftritt und nach welchem die Larven wieder beweglich werden und in den Pharynx kriechen. Die Bildung des Samenschlauches blieb in den ersten Anfängen stecken, und auch die Spermatogenese kam nicht über dieselben hinaus.

Meine Resultate standen in bezug auf den Grad der Vermännlichung diesen Angaben BALTZERS jedenfalls nicht nach.

IV. Hypothese über eine einheitliche Auslegung der BALTZERschen und meiner Resultate.

Während wir uns bisher auf sicherem Grund und Boden bewegten, begeben wir uns jetzt auf hypothetisches Gebiet, auf dem wir aber einen neuen Weg vielleicht nicht nur zur Lösung des Geschlechtsbestimmungsproblems bei Bonellia allein erblicken werden.

Zunächst könnte man natürlich vermuten, daß die Vermännlichung der indifferenten Larven durch den lebenden Rüssel, durch Rüssel- und Darmextrakt eine Säurewirkung sei. Dies ist aber falsch, denn die Lösungen BALTZERS, die Vermännlichung hervorriefen, reagierten, wie ich mit seiner Erlaubnis hier mitteile, nicht sauer, sondern alkalisch. In zwei Fällen, die Herr Kollege BALTZER mir selbst zur Prüfung übergab, fand ich nach Abzug des Salzfehlers den Wert 8,04.

Wie läßt sich dieser scheinbare Widerspruch zwischen unseren Versuchsresultaten lösen? Die Sache ist sehr einfach, wenn wir uns überlegen, auf welchem Wege denn eigentlich der pH-Wert die Entwicklung beeinflussen kann. Man wird da natürlich auf die Abhängigkeit der Fermentwirkungen vom pH-Wert hingewiesen; und hier liegt wieder nichts näher, als an eine Beeinflussung der vom pH-Wert so abhängigen Oxydationsprozesse zu denken. Die Verkettung derselben mit der Entwicklung, welche so schön durch WARBURG (11 und 12) untersucht worden ist, macht diese Vermutung wahrscheinlich. Ich denke mir also, daß bei Bonellia das Weibchen einen größeren Sauerstoffverbrauch als das Männchen hat, was ja schon deshalb plausibel ist, weil die Männchen zu Anfang im Darm und dann im Uterus, der nur ein Aufbewahrungsort der ausgebildeten, unbefruchteten Eier und wohl der Befruchtungsort der letzteren, aber nicht ihr Entwicklungsort ist, also vielleicht in sauerstoffärmeren Medien, als das umgebende Meerwasser ist, leben. Sind nun die Bedingungen im Innern der Larven (nach WARBURG [13 und 14] braucht nur ein bestimmter Eisen-, nicht Peroxydasengehalt dazu zu gehören) und im äußeren Medium (bestimmter, nur innerhalb gewisser Grenzen schwanken könnender pH-Wert) so, daß den indifferenten Larven ein weiblicher Sauerstoffverbrauch möglich ist, so entstehen nach meiner Hypothese Weibchen, sind aber die Oxydationsprozesse nur in dem Grade möglich, der Männchen eigentümlich ist, so entstehen solche. An der Grenze beider Zonen aber könnten sich Intersexes entwickelm. Daß aber einem und demselben pH-Wert gegenüber die Individuen sich oft so verschieden verhalten, kann daran liegen, daß die inneren Bedingungen, die zum Ablauf der Oxydationsprozesse notwendig sind, in den Individuen quantitativ verschieden sind. Und das Erscheinen der Spätmännchen könnte man sich so erklären, daß die zu den Oxydationsprozessen notwendigen inneren Bedingungen durch das lange Larvenleben so verändert worden sind, daß nur noch ein männchenbestimmender Sauerstoffverbrauch möglich ist.

Sind diese Anschauungen richtig, dann muß man nicht nur Vermännlichung mit Säuren, sondern auch mit jeder Substanz erhalten, welche oxydationshemmend wirkt, also z. B. mit Salzen der Cyanwasserstoffsäure, mit arseniger Säure, mit Sulfiten oder mit Schwefelwasserstoff. Zumal mit letzterem verspreche ich mir bei künftigen Versuchen viel Erfolg, da derselbe auch in weibchenlosen Glaskulturen als vermännlichender Faktor in Frage kommen könnte, da ja Schwefelwasserstoff in Kulturen beim Absterben von Tieren sich nur allzu leicht entwickeln kann. Wenn es dann Baltzer gelingen würde, auch in seinen Extrakten oxydationshemmende Stoffe nachzuweisen, dann wäre das Problem gelöst.

Mit dieser Lösung wäre aber nicht zugleich auch die Richtigkeit der Baltzerschen Hypothese bewiesen, der ihr Autor übrigens selbst kritisch gegenübersteht, daß die Vermännlichung der indifferenten Larven auf einer Entwicklungshemmung beruhe und die Männchen in gewissem Sinne neotenische Larven seien. Denn wohl wird durch Herabsetzung der Oxydationsprozesse auch die Entwicklung verlangsamt, aber das Wesentliche, welches die Vermännlichung verursacht, ist meiner Meinung nach nicht diese Verlangsamung, sondern der herabgesetzte Sauerstoffverbrauch. Selbstverständlich wäre aber auch das Umgekehrte denkbar, nämlich, daß die Entwicklungshemmung der eigentliche geschlechtsbestimmende Faktor bei Bonellia sei. Dies ginge aber nur so zu beweisen, daß man die Entwicklung hemmt, ohne daß die Oxydationsprozesse zugleich auch herabgesetzt werden. Als Mittel zu diesem Zwecke könnte man vielleicht nach den Untersuchungen von Warburg (12), die freilich an Seeigeleiern gemacht wurden, Phenylurethan, Ammoniak oder Gold-, Silber- und Kupferspuren benutzen.

Absichtlich gehe ich vorläufig nicht auf die theoretischen Erörterungen ein, welche Goldschmidt (6 und 7) und Seiler (10), namentlich aber der erstere von den beiden, an die Baltzerschen Befunde geknüpft haben, da es mir zunächst einmal geboten erscheint, das ganze Problem nach dem von mir entworfenen Plan experimentell weiter auszubauen. Nur eines sei bemerkt, daß ich selbstverständlich auch durch meine Versuche die Frage nicht für erledigt halte, inwiefern genetische Faktoren trotz aller Beeinflußbarkeit von außen bei der Geschlechtsbestimmung von Bonellia doch eine Rolle spielen. Da ich aber weiß, daß sich Baltzer mit dieser Frage beschäftigt, enthalte ich mich jeder Einmischung in dieses Gebiet.

Vorstehende Arbeit wurde in ihrem experimentellen Teil vom 25. 8. bis 15. 10. 1927 in der zoologischen Station zu Neapel ausgeführt. Herrn Prof. REINHARD DOHRN, Herrn Prof. FEDELE, Herrn Dr. GROSS und Dr. RANZI danke ich sehr für ihr großes Entgegenkommen. Auch Herrn Kollegen JOHN RUNNSTRÖM bin ich für Mitteilung seiner eigenen Erfahrungen über die Bestimmung und das Schwanken des pH-Wertes zu Danke verpflichtet. Am meisten aber drängt es mich, Herrn Kollegen BALTZER, mit dem zusammenzuarbeiten ich das große Glück hatte, für seine Belehrung über das mir zunächst fremde Untersuchungsobjekt und nicht zuletzt auch für seine große Bereitwilligkeit, das seltene Material mit mir zu teilen, obwohl er doch zunächst den Hauptanspruch darauf hatte, auch an dieser Stelle meinen herzlichsten Dank abzustatten.

Literaturverzeichnis.

1. Baltzer, F.: Die Bestimmung des Geschlechts nebst einer Analyse des Geschlechtsdimorphismus bei Bonellia. Mitt. d. zool. Stat. Neapel, Bd. 22. 1914.

2. Baltzer, F.: Über die Giftwirkung weiblicher Bonelliagewebe auf das Bonelliamännchen und andere Organismen und ihre Beziehung zur Bestimmung des Geschlechts der Bonellialarve. Mitt. d. Nat. Ges. Bern. 1924.

3. Baltzer, F.: Über die Giftwirkung der weiblichen Bonellia und ihre Beziehung zur Geschlechtsbestimmung der Larve. Revüe Suisse de Zoologie. Bd. 32. 1925.

4. Baltzer, F.: Untersuchungen über die Entwicklung und Geschlechtsbestimmung der Bonellia. Pubblic. d. Stazione zoologica di Napoli. Vol. VI. 1925.

5. Baltzer, F.: Über die Vermännlichung indifferenter Bonellialarven durch Bonelliaextrakte. Revue Suisse de zoologie. Bd. 33. 1926.

6. Goldschmidt, R.: Mechanismus und Physiologie der Geschlechtsbestimmung. Berlin 1920.

7. Goldschmidt, R.: Bemerkungen zum Problem der Geschlechtsbestimmung bei Bonellia. Biol. Zentralbl., Bd. 46. 1926.

8. Herbst, C.: Über zwei Fehlerquellen beim Nachweis der Unentbehrlichkeit von Phosphor und Eisen für die Entwickelung der Seeigeleier. Arch. f. Entw.-Mech., Bd. 7. 1898.

9. Herbst, C.: Über die zur Entwicklung der Seeigellarven notwendigen anorganischen Stoffe, ihre Rolle und ihre Vertretbarkeit. III. Teil. Ibidem Bd. 17. 1904.

10. Seiler, J.: Das Problem der Geschlechtsbestimmung bei Bonellia. Die Naturwissenschaften, 15. Jahrg. 1927.

11. Warburg, O.: Beobachtungen über die Oxydationsprozesse im Seeigelei. Hopee-Seiler's Zeitschr. f. physiol. Chemie, Bd. 57. 1908.

12. Warburg, O.: Über die Oxydationen in lebenden Zellen nach Versuchen am Seeigelei. Ibidem Bd. 66. 1910.

13. Warburg, O.: Beiträge zur Physiologie der Zelle, insbesondere über die Oxydationsgeschwindigkeit in Zellen. Ergebn. der Physiologie. 14. Jahrg. 1914.

14. Warburg, O.: Über die Rolle des Eisens in der Atmung des Seeigeleies nebst Bemerkungen über einige durch Eisen beschleunigte Oxydationen. Hoppe-Seyler's Zeitschr. f. Physiologische Chemie, Bd. 92. 1914.

Kolibri 360 GmbH
Ferdinand-Jühlke-Straße 7
99095 Erfurt, Deutschland
produktsicherheit@kolibri360.de